学校では教えてくれない大切なこと ⑫

ネットのルール

マンガ・イラスト 関 和之（WADE）

旺文社

はじめに

テストで100点を取ったらうれしいですね。先生も家族もほめてくれます。

でも、世の中のできごとは学校でのテストとは違って、正解が1つではなかったり、何が正解なのかが決められないことが多いのです。

「私はプレゼントには花が良いと思う」「ぼくは本が良いと思う」。どちらが正解ですか。どちらも正解。そして、どちらも不正解という場合もありますね。

山登りで仲間がケガをして動けない。こんなときは「動ける自分が方位磁石にしたがって下りてみる」「自分もこのまま動かずに救助を待つ」。どちらが正解でしょう。状況によって正解は変わります。命に関わることですから慎重に判断しなくてはなりません。

このように、100点にもなり0点にもなりえる問題が日々あふれているの

　が世の中です。そこで自信をもって生きていくには、自分でとことん考え、そのときの自分にとっての正解が何かを判断していく力が必要になります。

　本シリーズでは、自分のことや相手のことを知る大切さと、世の中のさまざまな仕組みがマンガで楽しく描かれています。読み終わったときには「考えるって楽しい！」「わかるってうれしい！」と思えるようになっているでしょう。

　本書のテーマは「ネットのルール」です。インターネットでは、顔の見えないやりとりが中心です。書かれている情報を見て、判断しなければなりません。画面の奥にはいい人ばかりでなく、あなたをだまそうとする悪い人もいます。行動する前にそれは本当に正しい情報なのか、また、発言するときは自分の言葉で傷つく人はいないか、よく考えましょう。そして、ネットを使って何かするときは、まわりの大人に相談するようにしてください。困ったことになる前に相談することが、とても大切です。

旺文社

もくじ

はじめに……… 2

この本に登場する仲間たち……… 6

プロローグ……… 8

1章 ネットでしてはいけないこと

ネットの情報はすべて正しいの?……… 14

ネットでダウンロードしてはいけないもの……… 18

ルール違反に気をつけよう……… 24

インターネットってそもそも何?……… 26

ネットでダウンロードすると危険なもの……… 32

ネットで書いてはいけないこと……… 34

ネットに個人情報を書いてしまった!……… 40

ネットにアップしてはいけないもの……… 44

炎上するってどういうこと?……… 50

覚えておきたいネット用語……… 56

2章 サイト利用の注意点

ワンクリック詐欺って何?……… 58

無料サイトに登録したらどうなるの?……… 64

パスワードは誕生日じゃダメなの?……… 68

ネットオークションには気をつけよう……… 72

ネットショッピングで注意すること……… 76

3章 メールやSNS利用の注意点

有名人からメールが届いた!……… 80

高額当選メールが届いた!……… 84

4

チェーンメールが届いたら？ …… 88

まちがいメールが届いたときは？ …… 92

ウイルスに感染したらどうなるの？ …… 96

メールやメッセージを送るときのマナー …… 102

SNSいじめって何？ …… 108

メールを送るときの注意点 …… 112

4章 さまざまな危険・注意

歩きスマホは危険！ …… 116

スマホ中毒に要注意！ …… 120

SNS疲れに気をつけよう …… 124

書店の本を撮ったらダメなの？ …… 128

カメラ機能を使うときの注意点 …… 132

スマホのマナーに気をつける場所は？ …… 136

ネットで知り合った人と会うのは危険？ …… 140

有害なサイトを見てはダメ！ …… 146

エピローグ …… 148

スタッフ

●編集
次原 舞

●編集協力
有限会社マイプラン

●装丁・本文デザイン
木下春圭　菅野祥恵
（株式会社ウエイド）

●装丁・本文イラスト
関 和之（株式会社ウエイド）

●校正
株式会社ぷれす

する仲間たち

マナブ（目出亜 学）

- 小学4年生
- 素直で明るいが ちょっとチャラい
- インターネット，タブレット初心者
- スポーツ万能でサッカーチームのエース

目出亜家

ダディー（目出亜 史朗）

- 快蔵の息子
- インターネットやタブレットにはくわしくない
- 実はオープン恋路のファン

マミー（目出亜 真実）

- ふだんは優しいがおこるとこわい
- インターネットにはくわしくない
- ちょっとそそっかしい

りっつん

マチルダ

オープン恋路

- りっつん，マチルダの2人組人気アイドルユニット
- りっつんは毒舌キャラ，マチルダは不思議ちゃん

この本に登場

マナブのクラスメート

しいな（宇津久 椎菜）

- マナブやタカシのあこがれの存在
- ブログを書いている

タカシ（城宝 貴志）

- 家がお金持ち
- スマホもタブレットも持っている
- だまされやすい

よしこ（木館 良子）

- しいなの親友
- 面倒見がよくて頼りになる

グランパ（目出亜 快蔵）

- マナブのおじいちゃん
- インターネットやパソコン，スマホ，タブレットのことにくわしい
- ふだんは田舎で農業を営んでいる
- マナブにインターネットのルールを教えに来た

ハナボックリサダミツ（鼻没栗 貞光）

- ありとあらゆる手を使って，マナブたちをだまそうとする悪い人

1章

ネットでしてはいけないこと

ネットに書いてあることがすべて本当とは限らんのじゃよ。

インターネットの注意点

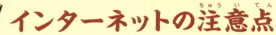

● **ウェブサイトに書いてあることが本当とは限らない。**

わざとウソの情報が書いてあるウェブサイトもある。書いてあることをそのまま信じないように！

● **子どもに有害なウェブサイトもある。**

フィルタリングなどで危険なサイトをブロックする方法もあるよ。おうちの人と相談しよう。
（→ p.146, 147 もみてみよう。）

学校の調べ学習などでインターネットの情報を参考にするときは、国や学校、公共施設など、公的な機関のウェブサイトや、メーカー・企業の公式サイトを参考にするのじゃ！

ダウンロードって何？

- インターネット上にあるデータを，自分のパソコンやタブレット，スマートフォン，携帯電話，ゲーム機などに保存すること。
- インターネットにつながった環境があれば，お店に行かなくてもさまざまなデータを入手することができる。

いつでも買えるし家にものが増えなくていいわね♪

ネットでダウンロードできるもの

音楽

映画・アニメ

ゲーム・アプリ

電子書籍（本や雑誌）

チケット

など

アプリやウェブサイトの画面を紙のチケットの代わりにすることもあるんじゃよ〜。

1章 ネットでしてはいけないこと

違法ダウンロードって？

人がつくったものには「著作権」という権利があるぞ。つくった人の許可なく勝手に使うと，著作権法という法律に違反することになるのじゃ！

●違反すると大変なことに！

インターネット上の音楽や映画などを違法ダウンロードすると…

2年以下の懲役
2012年10月1日から。

または

200万円以下の罰金
懲役と罰金の両方が科せられることもある。

安心してダウンロードできる場所は？

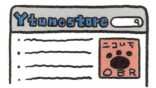

きちんとした企業による
音楽・映画配信サイト

アーティストの
オフィシャルサイト　など

無料ダウンロードができるサイトの中には，**非公式の違法サイト**もあるから要注意じゃ！

あやしい…

ダウンロードする前に，きちんとしたサイトか確認しよう！

1章 ネットでしてはいけないこと

ダウンロードするときの注意点！

試聴はタダでも，ダウンロードにはお金がかかるものもある。お金はおうちの人のクレジットカードから支払われることが多いよ。ダウンロードするときは，必ずおうちの人に確認しよう。

●おうちの人に確認しないと…

好き勝手にダウンロードして…　　とんでもない金額になることも！

●おうちの人に確認すると…

きちんと確認すれば…　　安心してダウンロードできる！

ダウンロードするときは，料金などを確認し，おうちの人に許可をもらってからにしよう！

ルール違反に気をつけよう

外を歩くときに「信号を守る」といったルールがあるように，インターネットを使うときにもルールがあるのよ。

ルールその1 違法なサイトから映画や音楽をダウンロードしない。

「違法なサイト」にアップロードされているもの
- CDやDVDなど正規に売られている作品
- 公式配信サイトで配信されている有料の映画や動画・音楽 など

ダウンロードNG！

※アップロード：自分の端末から，インターネット上にデータを送信すること。

無料のものでも，作者の許可を得ずにアップロードされているものをダウンロードしてはいけないんじゃ。（→ p.21 著作権）

ルール その2 有名なキャラクターの画像を勝手にアップロードしない。

他人がつくった画像を許可なくネット上にアップロードしてはいけないんじゃ。

企業がつくったキャラクターは、その企業が使用する権利を持っている。

ルール その3 他人が写っている画像を勝手にアップロードしない。

有名人だけでなく、一般の人にも肖像権※があるのじゃ。画像を無断でネットにアップロードしてはいけないんじゃよ。

※肖像権：自分の姿を、無断で写真や絵画、彫刻などにされたり、利用されたりすることのない権利。

25　1章 ネットでしてはいけないこと

アプリストアのアプリは本当に安全？

アプリストアのアプリはすべて安全かといえばそうではないんじゃ。

● アプリをダウンロードすると，さまざまな機能が使えるようになる。

カメラアプリ

メールアプリ

ゲームアプリ

画像加工アプリ

地図アプリ

● ダウンロードする前にまず確認！

安全なアプリかどうか，アプリのレビューや評価を調べてからダウンロードしよう。

アプリはとても便利。でも，危険なアプリもあるので，ダウンロードには注意が必要。

危険なアプリをダウンロードすると…

● コンピューターが動かなくなる。 ● データが流出する。

とくに注意が必要なのは無料アプリ。

注意！
ウイルスに感染させて，個人情報などを抜き取るアプリもあるぞ。
（→ p.96 ～ 101 も見てみよう。）

1章 ネットでしてはいけないこと

アプリを使うときに気をつけること

● 危険そうなアプリはダウンロードしない。

「アイヘル アプリ」で検索したら、ダウンロードしちゃダメって書いてあった…。
Mくん（10才）

● あやしいバナー広告をクリック（タップ）しない。

甘い言葉で興味をひく広告には注意だな。
Mくんのパパ（42才）

● セキュリティー対策をしておく。

ウイルスや危険なサイトを知らせてくれるんじゃ！でも100％ではないから安心してはならんぞ！
MくんのGちゃん（75才）

ポイント
危険そうなアプリはダウンロードしない。セキュリティー対策をして，あやしい広告は無視すること。

インターネットってそもそも何？

世界中の人と情報のやりとりをするために，コンピューターどうしをつないだ回線のこと。

まさに「ネット」だね！

インターネットが使えるもの

- パソコン
- タブレット
- スマートフォン（スマホ）
- 携帯電話
- ゲーム機

など

インターネットでできること

●知りたいことをすぐに調べられる。

●世界中の人と交流ができる。

●世界中のお店から買い物ができる。

インターネットは，正しく使えばとても便利！

ネットに書いてはいけないこと

> ネットに書いたことが内容によっては犯罪となり、警察につかまることもあるんじゃ。

●悪い冗談

冗談のつもりで書きこんだだけでも…

他の人に迷惑をかけたり、おどしたりしたとして逮捕されることが！

●ウソのうわさ

軽い気持ちで書きこんだだけでも…

他の人の気持ちやお店の信用を傷つけたとして逮捕されることが！

● 人の悪口

ちょっと腹が立って書きこんだだけでも…

人を傷つけたとして逮捕されることが！

さわぎになるようなウソや人を傷つけることを書くと，犯罪になることがある。

名前を書かなければ，つかまらないんじゃないの？

● 警察はネット上の記録を調べて犯人を特定できる。

インターネットには「ログ」という，その人の利用状況の記録が残るので，犯人を見つけやすい。

冗談で悪口を言ったりするけど，それも犯罪？

ネット上の書きこみは大勢の人が見ることができる分，直接言うよりも罪が重いんじゃね。

悪口やおどしがよくないのは，ネット上でも同じことなのね。

37　1章 ネットでしてはいけないこと

もしも自分が被害にあったら？

●画面を保存するなどして証拠を残しておく。

●ページを管理している人にページを削除してもらう。

●大人に相談する。

まずは周りの大人に相談しよう。場合によっては，証拠を持って警察に相談しよう。

ネットに個人情報をのせるとどうなるの？

個人情報とは…

- 名前
- 住所
- 電話番号
- メールアドレス
- 生年月日
- 年齢
- 性別
- 学校名
- 学年
- 家族構成
- 親の仕事

など

● ネットにのせると…

● 悪用されて，犯罪やトラブルのもとになる。

待ちぶせされて誘拐されるかも…

いたずらに使われるかも…

個人情報はネット上に絶対にアップしない！
ネット上の情報は世界中の人に公開されているよ。

1章 ネットでしてはいけないこと

顔写真も立派な個人情報

● 顔写真をアップすると，勝手に使われることがある。

加工されて恥ずかしい画像をつくられるかも…

店の宣伝に勝手に使われるかも…

● 他人の顔写真を勝手にアップすると，訴えられることがある。

※プライバシー：自分の私生活を知られない権利。

だれかの写真をアップするのは，本人に許可をもらってからにしよう。

チェック！ こんなことに気をつけよう

ネットにアップしてはいけないもの

✕ ダウンロードした画像

✕ 自分で買った本やマンガのページ画像

✕ 録画したテレビ番組の動画

アップする前にその画像がだれのものかよく考えるのじゃ！

ネットにアップするときに注意するもの

自分以外の人が写っている写真・動画

ポイント！ アップする前に，画像や動画の権利がだれにあるか，いやな気持ちになる人がいないか，よく考えよう。

1章 ネットでしてはいけないこと

気をつけよう！　勝手に撮ってはいけないもの

炎上するってどういうこと？

投稿者：イッコン
オープン恋路の写真を勝手にアップするなんて，バカじゃないの！

またブログにコメントが…。

投稿者：マナブ
うるさいな。画像はちゃんと消しただろ！

バカとはなんだ！いやなヤツだな！

次の日

わ！コメントが100件も！しかも批判ばっかり！

投稿者：イッコン
なんだと！

投稿者：ガヤ
反省しろ！

投稿者：あらくれもの
何様のつもりだよ！

どうやら炎上してしまったようじゃね…。

炎上ってなんなの？

投稿者：円城
このブログ炎上してやがる

投稿者：ガヤ
祭りじゃ！　祭りじゃ！

投稿者：ノリオ
調子にのるからだよwww

投稿者：モンクタレゾウ
謝れー！

こういう状態のことじゃ。

50

炎上するってどういうこと?

ブログなどの書きこみに、批判的なコメントが山のように寄せられることを「炎上」というんじゃ。

●炎上しやすい書きこみ

オープン恋路の二人だと、絶対マチルダのほうがいい子だ。りっつんは性格悪そうだし。

投稿者：りっつん大好きっこ
そんなことない！

投稿者：あらくれもの
おまえに何がわかるんだ！

極端な意見や悪口

エコサイルのMUSASHIが、コンビニでたわし買ってるの見たよ！

投稿者：ゆりゆり
ウソだー！

投稿者：シャークK
プライバシーの侵害だぞ！

有名人や他人のプライバシー

バイキングで限界に挑戦してみた！

悪ふざけしている写真

明日、旺文駅でタカシの写真をばらまきます。

投稿者：りおん
迷惑なことすんなよー!!

投稿者：タカシ
なんでボクなんだよー（怒）

明らかなウソやいたずらの予告

ささいなことからエスカレートして手がつけられなくなってしまうのが、炎上のこわいところよ。

ネットでの発言は、世界中の人に向けて発信されるよ。読む人たちの気持ちを考えて慎重に書きこもう。

1章 ネットでしてはいけないこと

もし炎上してしまったら？

頭にきたからといって反応すると，よけいひどいことになるわ。

炎上してしまったときに注意すること

●反論しない

> いい加減にしろよ！
>
> **投稿者：トシしゃん**
> なんだと！
>
> **投稿者：まっちー**
> こいつケンカ売ってきたぞ！
>
> **投稿者：ヨシオくん**
> こんなブログやめちまえー！

反論するとさらに炎上する。

●すぐに謝らない

> 悪かった。反省するよ。
>
> **投稿者：モモエール**
> 何がどう悪かったんだよ！
>
> **投稿者：チェリー**
> 何を反省してるんだって？
>
> **投稿者：ふぉれすと**
> ちゃんと謝れよ！

謝っても逆効果になることも。

炎上してしまったらよけいな発言はしない。
何もせず放置し，時間が解決するのを待つ。

52

炎上がエスカレートするとどうなるの？

個人情報を探し出されて，ネット上で公開されることも。

ネット上に広まった個人情報をもとに，いやがらせをされることも。

ネットを見ている人がいい人ばかりとは限らない。目をつけられて，個人を特定されたり，炎上をあおって楽しんだりする人もいる。

ネットに書いた情報は簡単に消えないの？

炎上しても、書きこみを削除すれば大丈夫だと思っていたら大間違いよ。

●削除しても情報がネット上に残る場合がある。

ネットを見ていた人に、書きこみの内容を保存され、再びネットにアップされてしまう。

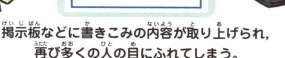

掲示板などに書きこみの内容が取り上げられ、再び多くの人の目にふれてしまう。

 ネットに書いたことやアップした画像は、自分で削除しても完全に消えるわけではない。書く内容には十分に注意しよう。

54

覚えておきたいネット用語

ブラウザー
インターネット上の情報を見るためのソフトのこと。

Wi-Fi
無線でインターネットにつなぐ技術のこと。

ID
ユーザーひとりひとりを特定するための英語や数字の文字列のこと。登録された個人情報は、IDとパスワードで守られる。

デバイス（スマートデバイス）
スマートフォンやタブレット型端末などをはじめとする、インターネットに接続できる通信機器のこと。

クラウド
データをインターネット上に保存するサービスのこと。デバイスに保存しなくてもデータを見られるので、デバイスの容量を節約できる。

2章 サイト利用の注意点

ワンクリック詐欺って何?

ワンクリック詐欺って何なの？

> スマホやパソコンでネットを見ていて，いきなり「お金を払え」と画面に表示されることがあるんじゃ。

● こういう場合はタップやクリックをしてはダメ！

どんなサイトか情報をのせず，とにかくクリックさせようとするあやしいサイトの広告など

件名：おめでとうございます！

ご当選おめでとうございます！
今すぐこちらをクリック！

http://www.sagi○○○.com/tousen□□□□

知らない人からのメールに書かれたウェブサイトのアドレス（ＵＲＬ）

● うっかりタップやクリックするとどうなるの？

ご入会ありがとうございます!!
入会金 30,000 円をお振り込みください！
あなたのメールアドレス，氏名，住所はわかっています。
○月○日までにお振り込みいただけない場合，法的措置をとらせていただきますので，お急ぎください。

> 何も利用していないのに，いきなり「お金を払え」と書かれた画面が表示されるんじゃ。

ムチャクチャ言っとるのう…

ネットを見ていて，いきなり身に覚えのない請求をされるのがワンクリック詐欺。

2章 サイト利用の注意点

ワンクリック詐欺にあってしまったらどうすればいいの？

> ワンクリック詐欺は、「払わなきゃたいへんだ」と不安にさせ、お金を払わせようとする悪質な詐欺なんじゃ。

● ワンクリック詐欺の手口

```
ご入会ありがとうございます！
入会金 30,000 円を振り込んでください。

                    秘密のサイト.com
```
あやしいサイトを見ていたといううしろめたさにつけこむ。

```
あなたのメールアドレス、氏名、住所はわかっています。
お振り込みいただけない場合、訴えます。
```
「個人情報はわかっているぞ」とおどす。

ワンクリック詐欺にあってもあわてずに！

- ● だれがサイトを見たかは相手にはわからない。
- ● サイトにアクセスしただけでは、個人情報はわからない。

> 相手はおどしているだけ。「お金を払え」と画面に出ても、無視すればいい。

ワンクリック詐欺にあっても、無視すればよい。お金は絶対に払ってはいけない。すぐに周りの大人に相談しよう。

2章 サイト利用の注意点

ワンクリック詐欺にひっかかってしまったら？

ワンクリック詐欺にひっかかってしまうパターン

こちらから連絡をとってしまうと…

連絡先をわざわざ相手に教えることになる。

連絡をとった上にお金を振り込んでしまうと…

何度もお金を払わされるかも。

ポイント 相手の手口にはまってしまったら，一人でなやまず，すぐに周りの大人に相談しよう。

無料サイトって何？

自分の情報を登録するだけで，お金がもらえたりゲームができたりマンガが読めたりすると宣伝しているサイトのことじゃ。

●どうして無料なの？

どこかで必ず利益をあげるようになっとるんじゃ。

広告をたくさんのせて広告主から利益を得ているから。

入力された住所や，メールアドレス宛てに宣伝できるから。

中には危険なサイトも！

安全なサイトに見せかけて，個人情報をぬき取って悪用するサイトもある。安全かどうか迷ったら，登録しないようにしよう。

ポイント 無料なのにはわけがある。すぐに名前や連絡先を入力するのは危険。登録する前に，おうちの人に相談しよう。

65　2章 サイト利用の注意点

無料サイトに登録するとどうなるの？

● 無料サイトに登録すると…

DMや広告メールが
しつこく送られてくる。

悪質なサイトの場合、個人情報が
悪用されることも！

● 無料サイトに登録するときは…

「無料」につられないようにする。

安心できるサイトかどうか
大人に確認する。

宣伝目的の安全なサイトもあるが、中には個人情報を悪用しようとする危険なサイトもあるんじゃよ！

ポイント

サイトに個人情報を入力するときは、周りの大人にそのサイトが信用できるかどうか確かめてもらうようにする。

パスワードって何？

個人情報は，パスワードによって守られているんじゃ。他人にすぐにわかるようなものではいけないんじゃ。

パスワードは，個人情報を守る文字や数字，記号でできた鍵。

自分だけの秘密にして，人に教えるのは絶対にやめよう。

パスワードを見破られるとどうなるの？

アカウント※を乗っ取られて大変な目にあってしまう！

勝手にメールを送られてしまう。

ショッピングサイトで他人に買い物されてしまう。

パスワードを見破られると，他人が勝手にログインできるようになるんじゃ。だからパスワードは他人に見破られないものにしないといけないんじゃ。

※アカウント：コンピューターやネット上のサービスなどを使用する権利。ＩＤ（→ p.56）とパスワードの組み合わせで構成される。

ポイント　パスワードは個人情報を守る大切なもの。簡単に見破られないものにしよう。

69　2章 サイト利用の注意点

こんなパスワードは危険！

 manabu

 01234567

 shiina0601

自分や家族の名前や誕生日の組み合わせ

数字や文字を並べただけのもの

 password
 rittun
 qwerty

 baseball
 poniko
adgjmp

英語の単語

芸能人やペットの名前

パソコンやスマホのキーボードの配列通りの文字

ブログに書いた情報などをもとに見破られることもあるんじゃ。

どんなパスワードにすればいいの？

 xB9g03H

 Ob5NkoB9N

自分と関係のない文字列にする。

8文字以上にする。

 na9#roQ4b

文字（大文字，小文字），数字，記号の組み合わせにする。

こまめに変更する。

 パスワードの文字をくふうしたり，時間がたったら変更したりすることが大切！

ネットオークションは18才未満の方は利用できません。

ネットオークションって何?

インターネット上で行われるオークション(購入希望者の中で最も高い値段をつけた人が購入できるしくみ)のことじゃ。

●ネットオークションのメリット

お店より安く買える。

レアものが手に入る。

●ネットオークションのデメリット

実際に手に取って確認できない。

 +
商品代以外のお金がかかる。

ネットオークションをうまく使うと、ほしいものが安く手に入ることがあるが、デメリットもあるので注意が必要。

73　2章 サイト利用の注意点

ネットオークションでトラブルにあわないために

こんなトラブルがある！

商品が届かない。

写真と違う商品や
ニセモノの商品が届く。

> ネットオークションはお金を払ってその場で商品を受け取るわけではないので，トラブルが多いんじゃ。

●トラブルにあわないようにするにはどうすればよい？

出品者の評価をチェックする。

評価が悪い人とは取り引きしない。
最近の取り引きがあるか確認する。

写真を確認する。

実物の写真が使われていない場合，
商品がない可能性もある。

> 信用できる相手としか取り引きしないようにすることじゃ。

ポイント
ネットオークションは，18才未満は参加できないので，必ず周りの大人に取り引きをしてもらうようにする。
少しでもあやしいと思ったものは購入しない。

周りの大人にも読んでもらおう！ ネットショッピングで注意すること

個人情報の入力は信用できるお店で。

カード情報など，大事な情報を送信するときに暗号化されない店は要注意！入力した情報が悪い人に盗まれてしまう可能性がある。

悪質なショップにだまされないようにする。

悪質なショップだとこんな商品が送られてくることも…

ニセモノ

保管状況が悪く，傷だらけ

ボロボロの中古品

信用できるお店で買わないとダメじゃ！
買う前に，お店の評価をチェックするんじゃ！

振り込み先を確認する。

振り込み先銀行：旺文銀行
支店名：埼玉支店
口座番号：普通預金 1234567
名義人：ハナボックリ　サダミツ

Shop of shops

振り込み先銀行：旺文銀行
支店名：埼玉支店
口座番号：普通預金 1931550
名義人：(株)ショップ　オブ　ショップス

●クーリング・オフできないので買うときは慎重に

訪問販売では，買ったものを一定の期間内ならキャンセルできる。これをクーリング・オフという。

ネットショッピングは通信販売にあたり，クーリング・オフがきかないのじゃ。

クーリング・オフには条件があります。

返品や交換の条件を確認してから買うようにする。

商品の品質には万全を期しておりますが，万一，不良・破損などがございましたら，商品到着から7日以内にお知らせください。早急に対応いたします。返品・交換は，商品到着から7日間以内の未使用・未開封の商品に限ります。

返品・交換の条件は、ショップページの最後のほうにあることが多いぞ。

クーリング・オフや返品・交換を受け付けないショッピングサイトが多いから，買う前にしっかり確認するのじゃ。

3章 メールやSNS利用の注意点

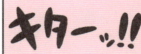

有名人からのメールはニセモノ！

●悪い人が有名人になりすましている！

簡単に信じてしまわないように注意しよう。

だまされないようにするには？

●とにかく無視する。

✗ メールを信じて反応してはダメ！

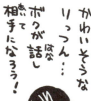

3章 メールやSNS利用の注意点

●メッセージ交換サイトにも登録しない。

✕ ダメな例

よく調べずに登録してしまうと… 　　高額な料金を請求されてしまう。

●お金を振り込まない。

✕ ダメな例

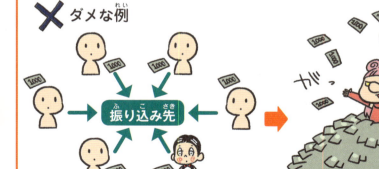

だまされた人たちが振り込むことで…。　　悪い人にお金がわたってしまう。

有名人を名乗るメールは無視する。お金は振り込まない。

「当選しました」にだまされないで！

●うそをついて，お金をだまし取ろうとしている！

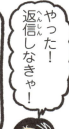

オーブン恋路のコンサートチケットが当たりましたので，このメールに返信してください。

やった！返信しなきゃ！

書類の発行手数料として2,000円をお振り込みください。

バーカ！

信じて連絡してしまうと… → **お金を払えとおどされる！**

●一度お金を払うと，さらに要求される。

チケットの受け取りには1万円が必要です。

キャンセル!!

高すぎる！

キャンセルの場合，賠償金3万円が必要になります。

そうはさせないぜ！

どんどん金額をつり上げていく。 → **途中でキャンセルしても，高額なお金を要求される。**

商品の受け取りにお金を要求されるのはあやしいメール。
まずおうちの人に相談し，お金を請求されても無視しよう。

3章 メールやSNS利用の注意点

だまされないようにするためには？

●メールの送信元の会社名を検索してみる。

あやしい会社かどうか，すぐわかる場合もある。

●心あたりのないメールは開封せず削除する。

メールを開いただけで情報がもれてしまう場合もある。

心あたりのないメールには反応せず，すぐ削除しよう。

3章 メールやSNS利用の注意点

チェーンメールが届いたら？

チェーンメールって何?

迷惑メールの1つで、次々と転送されていくメールのこと。「転送しないと不幸になる」などといやなことが書いてあり、読んだ人を不安な気持ちにさせる。

1通のメールを転送したら…　　どんどんメールが広まってしまう。

メールを転送しないと不幸になるって書かれているけど?

●メールを転送しなかったからといって、不幸になることはない。

これ以上いやな気持ちになる人を増やさないために、メールを転送しないようにしよう。

ポイント チェーンメールを転送するのは、迷惑メールを広めるのと同じ。絶対に転送しないこと!

3章 メールやSNS利用の注意点

どうして次々とメールが来るの？

● 悪い人たちに自分のメールアドレスが知れわたっている可能性がある。

友だちからチェーンメールが転送されてきたら？

● これ以上メールを転送しない。

ポイント チェーンメールが届いても無視。友だちにも無視することを教えてあげよう。

なぜ知らない人に返信してはいけないの？

● 悪い人はだましやすそうな人を探している！

さゆりだよ！久しぶり！元気にしてた？

迷惑メールがたくさん来るので、メアドを変えました。登録よろしく！

「だれですか？」っと！

返信！

さゆりじゃないよ、ゆるぎの悪者だよ♪

お！まんまと返信してくるなんてだましやすそうだ。

返信すると、ワンクリック詐欺などの迷惑メールがたくさん届くようになる。

返信すると、そのメールアドレスが出回って、詐欺にあう危険性が高くなる！

まちがいメールは無視する！

● 返信しない。

● 何度も送られてきても無視する。

まちがいメールは，すべて無視しよう。

3章 メールやSNS利用の注意点

コンピューターウイルスに感染したら

タブレットやパソコンなどの動きが急に遅くなる。

個人情報が抜き取られ，迷惑メールが届いたり，勝手にメールが送られたりする。

見覚えのないソフトやアプリがインストールされ，勝手に起動する。

パソコンなどのカメラが勝手に作動し，盗撮される。

ほかにもクレジットカードを不正利用されたり，ブログやSNSなどを乗っ取られるなど，コンピューターウイルスはいろいろな問題を引き起こすぞ。

※コンピューターウイルス：メールやウェブサイトを通じてコンピューターに入りこみ，危害をおよぼすプログラム。

3章 メールやSNS利用の注意点

ウイルスに感染する可能性があるもの

● ダウンロードした
　無料ゲーム

● ダウンロードした
　無料動画

● 知らない人から送られてきた
　メールについているファイル

 何かをダウンロードしたり，ファイルを開いたりすると感染する危険性が高い。動画や広告を見るだけでウイルスに感染させる手口もあるので注意が必要。

ウイルスに感染しないようにするには？

● ウイルス対策ソフトをインストールする。

● あやしい動画やゲーム，アプリをダウンロードしない。知らない人から送られてきたメールのファイルは開かず削除する。

● 銀行や学校など，知っているところから来たメールでも，開く前に送った人に電話で確かめる。　※メールで確認するのは危険。

大事な情報を守るため，ウイルス対策ソフトは必ずインストールしよう。知っているところからのメールでも，すぐに開かないよう普段から気をつけよう。

3章　メールやSNS利用の注意点

ウイルスに感染してしまったときは

●ウイルス対策ソフトを最新のものにする。

日々生まれてくる新しいウイルスにも対抗できるようになる！

●ネットワークから切断する。

●ウイルス対策ソフトでウイルスを検索・削除する。

これ以上情報がもれるのを防ぐために有効！
ウイルスを削除したら元にもどそう。

原因となるウイルスを削除して，感染前の状態にもどせる！
くわしい削除方法は各ウイルス対策ソフトのサポートページなどを参考にしてください。

日ごろからウイルス対策ソフトは最新のものにしておこう。定期的にウイルスチェックをして，パソコンやタブレット，スマートフォンをウイルスから守ろう。

100

3章 メールやSNS利用の注意点

※ FINE：架空のメッセージアプリ

メールやメッセージを送るときの注意点

> 相手の迷惑にならないように送ることじゃ。

●送るときに注意すること

夜遅くに送らない。

連続して何通も送らない。

●送る内容に注意すること

相手を傷つける内容。

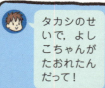

ウソや根拠のないうわさ。

自分や他人の秘密。

> 自分がそのメッセージを受け取ったらどう思うか考えるのじゃ。

104

正しく使おう！　メッセージアプリ

便利なところ

● 複数で同時にやりとりできる。

● 電話に出られなくても用件を伝えられる。

電車内など公共の場所では携帯電話・スマートフォンはマナーモードにして通話はひかえよう。

注意する点

● 文章だけだと誤解が生まれやすい。

文字だけのやりとりなので，伝えたいことが正しく伝わらないときもある。

ポイント メッセージアプリは上手に使えば便利なもの。顔が見えないやりとりなので，誤解されないように気をつけよう。

SNSいじめって何?

SNSとは、ソーシャル・ネットワーキング・サービスの略。ネットでだれかとつながり、やりとりを楽しめる場のことじゃ。SNSの場でのいじめを「SNSいじめ」というぞ。

●こんなことされたらどう思う？①

本人が知らないところでのうわさ話や仲間はずれ。

自分が知らないところでいろいろ言われるのはいやじゃろう？　だれかを仲間はずれにすることもやめるのじゃ！

●こんなことされたらどう思う？②

他人の情報を勝手に公開する。

友だちに話したことを勝手に知らされるのはとてもいやじゃのぉ。個人情報をのせるなんてもってのほかじゃ！

3章 メールやSNS利用の注意点

SNSいじめがあったらどうする？

●こんなときどうする？

マナブのメッセージ，しつこいから無視しようぜ！

✕

そうしましょ！

反省させなきゃ！

〇

無視はやめよう。

かわいそうだよ。

だれかを無視したり，悪口を言ったりするのはやめよう。SNSではどんどんエスカレートしてしまうぞ。

●もしもSNSいじめを続けたら…

もう学校行きたくない！

友だちが信じられなくなって，心に深い傷を負わせてしまうぞ。

楽しくやりとりできるのがSNSのいいところ。自分がされたらいやなことは，他人にもしないことが大切。

110

メールを送るときの注意点

メールは手軽に送れて便利だけど，送り間違えることもあるので注意が必要よ。

相手のメールアドレスをきちんと確認してから送信する。

宛先：tokashi@xxx.xx

宛先：tokashi@xxx.xx
件名：タカシへ

マナブだよ！

差出人：マナブ
件名：タカシへ
宛先：tokashi@xxx.xx

マナブだよ！

タカシのメールアドレスは，takashi@xxx.xx。

1文字でも違うと，メールが届かなかったり，他の人に届いたりするんじゃ。

「返信」と「転送」を間違えないようにする。

差出人：マナブ
件名：タカシへ
宛先：takashi@xxx.xx

マナブだよ！

マナブからタカシへ届いたメールを…

宛先：manabu@xxx.xx
件名：Re: タカシへ

なんだよ！
＞マナブだよ！

マナブに返事するのは「返信」

宛先：shiina@xxx.xx
件名：Fwd: タカシへ

マナブから（笑）
----- 転送メッセージ ---
From：マナブ
日付：20XX年○月×日
件名：タカシへ

マナブだよ！

しいなに送るのが「転送」

112

Cc, Bcc の違いを知っておく。

Cc メールが届いた人にも Cc に入っている人にもメールが送られたことがわかる。

お互いに相手の存在がわかる

「しいなちゃんにも送ってるのか。」

「タカシくんにも送ってるのね。」

Bcc メールが届いた人には，Bcc に入っている人にもメールが送られたことがわからない。

Bcc に入っていることはわからない

「ボクだけに送ってるのか。」

「タカシくんにも送ってるのね。」

送信先が知られてもいい場合は Cc，知られては困る場合は Bcc で送るのじゃ。

To にはメール相手の宛先を，Cc・Bcc にはそのメールの内容を知っておいてもらいたい人の宛先を入れる。

受け取ったメールの内容や個人情報を無断で公開しない。

件名：Re: しいなちゃんのこと

ボクも好きだよ！
＞タカシも好きなんだろ!?

タカシはしいなちゃんのことが好きだそうです！ そんなタカシのメアドは takashi@xxx.xx

メールの内容やメールアドレスは個人情報じゃ。勝手に他人に教えたり，公開したりしてはいかん！

3章 メールやSNS利用の注意点

絵文字は見られないこともある。

しいなちゃんへ
こんにちは😊
今日は日曜日だね☀
何してるの？😊
あした学校で💩
マナブ

→

しいなちゃんへ
こんにちは〓
今日は日曜日だね〓
何してるの？〓
あした学校で〓
マナブ

絵文字が表示されない場合があるので，パソコンのアドレス宛てにメールを送るときは絵文字を使わないほうがいいぞ。

メールやSNSの言葉が相手にどう受け取られるか考える。

 昨日のアニメ見た？

うん

タカシ，あのアニメ好きだろ？

 まあまあ

メールやSNSは直接話すのと違って文字中心でしか伝えられないから，冷たく受け取られることもあるぞ。

メールの返事が来なくても怒らない。

 しいなちゃん，返事くれないなぁ…。

しいなちゃんへ
今日の宿題，もう終わった？
タカシ

相手も自分と同じようにすぐメールをできるとは限らない。急ぐときは電話するんじゃ。

4章 さまざまな危険・注意

歩きスマホはなぜ危険？

スマホに夢中になりすぎて周りが見えなくなるから歩きスマホは危険なんじゃ。

●歩きスマホで起こる事故

人やものにぶつかる。

転ぶ。

線路などの危険な場所に落ちる。

車にひかれる。

●外でスマホを見るときはどうすればいい？

周りに迷惑にならない場所で立ち止まって見る。

歩きスマホは，注意力が落ちるので事故になりやすい。人に迷惑をかけることもあるぞ。どうしてもスマホを見たいときは，安全な場所で立ち止まって見よう。

4章 さまざまな危険・注意

自転車でのスマホ使用はさらに危険！

●自転車に乗りながらスマホを使うと…

片手運転になる。　　　周りがよく見えなくなる。

自転車で事故を起こすと，大けがする場合もあるんじゃ。スマホを見ながら乗るのは絶対にダメじゃ。

●そもそも自転車でのスマホ使用は交通違反！※

自転車でのスマホ使用は交通違反じゃ。罰金をとられる場合もあるぞ。

※自治体により，違反の条件は異なります。

ポイント 自転車でのスマホ使用は事故を起こしたときの被害が大きい。自分だけでなく，他人を傷つけることもある。絶対にしないこと！

スマホ中毒って何？

いつもスマホをさわっているか，そばにスマホがないと落ち着かなくなることを「スマホ中毒」というんじゃ。

●スマホ中毒の例

食事中も　　　　　　　　　勉強中も

入浴中も

●スマホ中毒になるとどうなるの？

スマホがないとイライラしたり，落ち着かなくなる。

スマホの使いすぎで睡眠不足になる。

スマホがそばにないと落ち着かないのはスマホ中毒。自分の使い方を見直そう。

121　4章　さまざまな危険・注意

● **スマホばかり見ていると…**

家族との会話がなくなる。

友だちとの会話がなくなる。

スマホ中毒になると、周りの人間関係にも悪影響をあたえてしまう。

スマホ中毒はどうやったら治るの？

● **スマホ中毒の治し方**

スマホを使う時間を決める。

通知機能をオフにする。

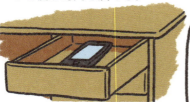
スマホを机の引き出しなどに入れて、必要なときだけ取り出す。

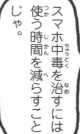

スマホ中毒を治すには、使う時間を減らすことじゃ。周りの人に協力してもらうのもありじゃな。

スマホ中毒になると周りとの関係にも悪影響。スマホを使う時間を減らして中毒にならないようにしよう。

SNS疲れに気をつけよう

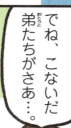

でね、こないだ弟たちがさぁ…。

うん…あ、マナブくんからだ…。

アイスがおいしうぃっしゅ！

なんて？

アイスがおいしいんだって…。

アイスがおいしうぃっしゅ！

そうなんだ

チョコ味だよー

なかよしねー。

そんなんじゃないから…。

チョコ味だよー

そうなんだ

バニラも好きだよー

SNS疲れって何？

> SNSでのコミュニケーションに疲れを感じる状態のことじゃ。

●SNS疲れになりやすい人

「バニラも好きだよー」
すぐに返信しないといけないとプレッシャーを感じてしまう。

よしこ
「マナブくんとしいな、ラブラブ〜！」
人の書きこみが気になり、こまめにチェックしてしまう。

よしこ
今夜のディナー！
人の書きこみを見てうらやましくなり、落ちこんでしまう。

自分と人を比べたがる人や他人のことをうらやましいと感じる人はSNS疲れになりやすいんじゃ。

●自分の書きこみに対するSNS疲れ

ラブリーしいな
今日のコーデ！
いいね！👍 0
自分の発言に対する他人の反応がないことを気にしてしまう。

ラブリーしいな
今日はいい天気ー！

投稿者：こわいにいさん
そーでもねぇーぞ！

自分の発言に対し批判されると落ちこんでしまう。

ポイント 人の書きこみを気にしないこと。自分の書きこみに対する反応が気になるなら書きこまないこと。

4章 さまざまな危険・注意

SNS疲れにならないためにはどうすればいいの？

SNS疲れになりやすい人はスマホ中毒になりやすい人と傾向が似ているの。SNSと上手につきあいましょ。

●SNS疲れにならないためのくふう

自分の予定を優先する。

時間を決めてチェックする。

他人と自分を比べない。

ときにはスルーもOK。

SNSの書きこみは気にしなくてもいいの。どうしても気になるのなら，SNSをやめるのもひとつの方法ね。

 SNSとは自分のペースで関わろう。他人と自分を比べたがる人には向いていないので，やめるのもあり。

書店の本を撮ったらダメなの？

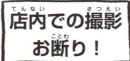

書店の本を撮るのは違法なの？

本を盗むと犯罪になるが，本を撮影しただけでは違法とは明確にいえないのが現状じゃ。でも，情報を盗んでいることには間違いないので，してはいけないんじゃ！

- ●本そのものを盗む万引きは，もちろん犯罪！
- ●本の中身を撮影する行為も，書店に迷惑をかける！

ポイント　書店の本の撮影は，書店に対しての迷惑行為になる。絶対にやめよう。

買った本なら撮影してもいいの？

書店で買った本を撮影して，自分で楽しむのはいいんじゃが，ほかの人に見せてしまうと，法律違反になる場合があるんじゃ。

✕ データを他人にわたす。

✕ インターネットにアップロードする。

ポイント　買った本の写真でも，インターネットにアップロードしたりしてほかの人に見せるのは違法。

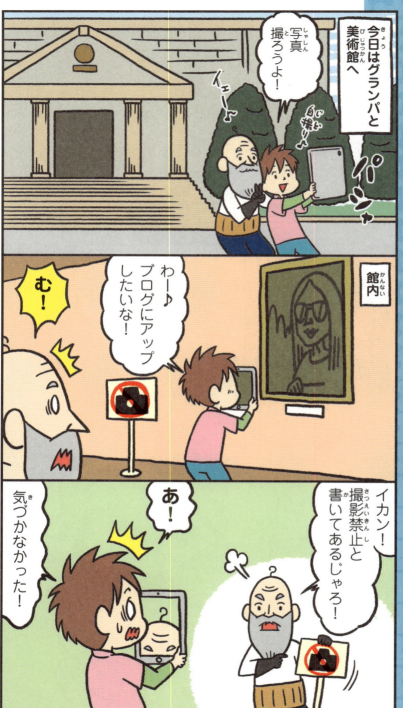

写真を撮ってはいけないところがある！

「撮影禁止」と書かれていなくても，写真を撮っていいかどうかきちんと確かめることが必要なんじゃ。

●「撮影禁止」以外の場所でも要注意！

美術館や博物館の中

お寺や神社の中

店やレストランの中

そもそも周りの人に迷惑をかけるような撮影はマナー違反じゃな。

●盗撮は犯罪！

相手に気づかれないようにカメラなどで撮影することを盗撮という。やってはいけないことじゃ！

ポイント　「撮影禁止」と書かれた場所では写真を撮らない。店や建物の中でも無断で撮らない。盗撮は絶対にダメ！

ほかの人の写りこみにも気をつけよう

● こんな場合ない？

記念写真のうしろに知らない人が写りこんでいた。

風景の写真を撮ったら知らない人が写りこんでいた。

肖像権（→ p.25）の侵害になるので，他人が写りこんでいる写真をインターネットにアップしてはいけないんじゃ。

ボカシを入れたりして顔がわからないようにするんじゃ。

● 公開したいときはどうすればいい？

ほかの人が写りこんだ写真を公開したいときは，写りこんだ人がだれか，わからないようにしよう。

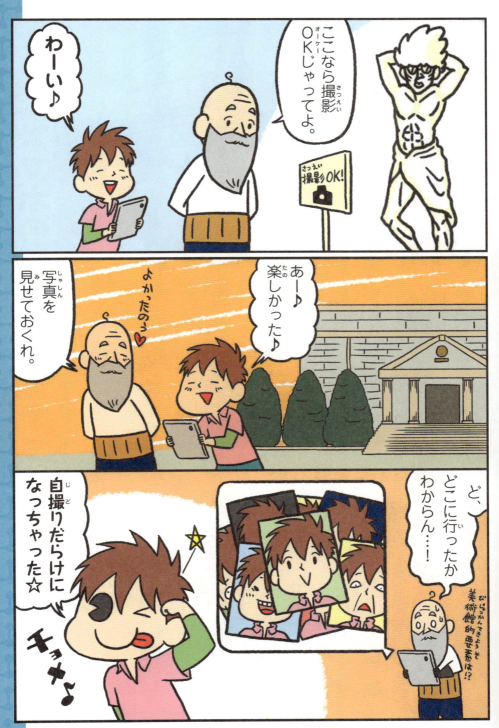

スマホのマナーに気をつける場所は？

スマホのマナー ここでは注意！①

着信音や振動音が鳴ると、ほかの人に迷惑がかかるこのような場所では、マナーモードか、電源オフにするのじゃ。

コンサート会場

劇場

映画館

美術館・博物館

電車やバスの中

レストラン・図書館

ポイント 周りの人の迷惑になる場所では、スマートフォンの電源をオフにするか、マナーモードにしよう。

4章 さまざまな危険・注意

スマホのマナー ここでは注意！②

精密な機械が使われている場所でもスマホの電源オフじゃ！ スマホから出る電波が機械に悪影響をおよぼすかもしれんからのう。

病院の中

スマホから出る電波が悪影響をおよぼす可能性のあるところでは、電源をオフにする。

ネット上のプロフィールって信じていいの？

143 4章 さまざまな危険・注意

あぶない目にあわないためには？

絶対に教えてはいけないこと

会ったことがない知らない人からこのような個人情報を聞かれても，絶対に教えてはならん！

※ ID：56 ページ参照

もし会ってほしいと言われたら？

- **それ以上連絡を取らない。**
- **はっきりと断る。**
- **しつこく言われたら，「親といっしょに行く」と言う。**

絶対に会ってはならん！ あやしい人には「親」というキーワードを出すと効果的じゃ。向こうから断ってくるぞ。

個人情報を聞かれたら，それ以上連絡を取らないようにしよう。しつこいようなら，おうちの人に相談しよう。

有害なサイトを見てはダメ！

> ネット上にはたくさんの有害で危険なサイトがあるのよ。トラブルにまきこまれないために，アクセスしないようにね！

アダルトサイト

出会い系サイト

犯罪をすすめるサイト

> ウソや危険がいっぱいのサイトなのよ！

> きちんと判断できる大人になるまでは，有害なサイトをブロックできるフィルタリング機能を活用するのじゃ！

有害なサイト

有害でないサイト

フィルタリング機能でこんなことができる！

●有害なサイトへのアクセスをブロックする。

子どもがどんなサイトを見ているかを親が見守ることができるサービスもあるんじゃ。

●個人情報の書きこみをブロックする。

守りたい個人情報をあらかじめ登録しておけば，他人が個人情報を書きこもうとしてもブロックしてくれるんじゃ。

●インターネットの利用時間を制限できる。

インターネットを利用できる時間帯や，1日の利用時間を設定できるんじゃ。アプリやオンラインゲームも制限できるんじゃ。

 ネット上には有害なサイトがたくさんある。あぶない目にあわないため，フィルタリングを使ってブロックしよう。